U0181196

浪花朵朵

起飞

飞机是怎样制造的

［德］亨里克·吕尔斯 著

［德］贝恩德·瓦根费尔德 绘

付重阳 译

海峡出版发行集团 海峡书局

THE STRAITS PUBLISHING & DIBLISHING GROUP

图书在版编目（CIP）数据

起飞：飞机是怎样制造的 / （德）亨里克·吕尔斯
著；（德）贝恩德·瓦根费尔德绘；付重阳译. -- 福州：
海峡书局，2021.7
书名原文：Start frei! Wie ein Flugzeug gebaut
wird
ISBN 978-7-5567-0843-7

Ⅰ. ①起… Ⅱ. ①亨… ②贝… ③付… Ⅲ. ①飞机 -
制造 - 少儿读物 Ⅳ. ①V262-49

中国版本图书馆CIP数据核字(2021)第120924号

Original title: Start frei! Wie ein Flugzeug gebaut wird
Copyright © 2016 Gerstenberg Verlag，Hildesheim
Alle Rechte vorbehalten
Text: Henrik Lührs, Meerbusch
Illustrationen: Bernd Wagenfeld, New York
Grafiken: Kirsten Gattermann, Hamburg
Gestaltung und Satz: init ｜ Kommunikationsdesign, Bad Oeynhausen
In Zusammenarbeit mit und lizensiert durch AIRBUS S.A.S.

Chinese language edition arranged through HERCULES Business & Culture GmbH, Germany

本书中文简体版权归属于银杏树下（北京）图书有限责任公司

著作权合同登记号　图字：13-2021-027号

出 版 人：林　彬
选题策划：北京浪花朵朵文化传播有限公司　　　　　出版统筹：吴兴元
编辑统筹：冉华蓉　　　　　　　　　　　　　　　　责任编辑：廖飞琴　张莹
特约编辑：左　宁　　　　　　　　　　　　　　　　营销推广：ONEBOOK
装帧制造：墨白空间·唐志永

起飞：飞机是怎样制造的
Qifei: Feiji Shi Zenyang Zhizao De

著　　者：[德] 亨里克·吕尔斯
绘　　者：[德] 贝恩德·瓦根费尔德　　　　　　　　译　　者：付重阳
出版发行：海峡书局
邮　　编：350001　　　　　　　　　　　　　　　　地　　址：福州市白马中路15号海峡出版发行集团2楼
印　　刷：当纳利（广东）印务有限公司　　　　　　开　　本：787mm×1092mm 1/8
印　　张：5.5　　　　　　　　　　　　　　　　　　字　　数：96千字
版　　次：2021年7月第1版　　　　　　　　　　　印　　次：2021年7月第1次
书　　号：ISBN 978-7-5567-0843-7　　　　　　　　定　　价：88.00元

读者服务：reader@hinabook.com 188-1142-1266　　投稿服务：onebook@hinabook.com 133-6631-2326
直销服务：buy@hinabook.com 133-6657-3072　　　官方微博：@浪花朵朵童书

北京浪花朵朵文化传播有限公司常年法律顾问：北京大成律师事务所 周天晖copyright@hinabook.com
未经许可，不得以任何方式复制或抄袭本书部分或全部内容
版权所有，侵权必究
本书若有印装质量问题，请与本公司图书销售中心联系调换。电话：010-64010019

让我们一起坐飞机吧！

你一定看过一架飞机缓缓起飞然后消失在高空中吧？或者你已经乘坐飞机在天空中翱翔过？也许你会有疑问：一架数吨重的飞机究竟是怎样飞上天空的呢？飞机上又隐藏着哪些尖端技术呢？

说到飞机，法比安可以说是一位真正的专家。他的妈妈是一名飞机工程师，刚和团队开发出一款新型客机。因此，法比安和妹妹菲妮娅受邀观看它的第一次试飞。他们要乘坐飞机去参加这个盛大的活动。在本书中，你可以和法比安兄妹一起登上飞机，零距离探索飞机的奥秘。当舱门打开，你会了解一架飞机是怎样设计、制造，并在测试通过后最终翱翔在天空的。你还会发现各种令人兴奋的细节。在飞抵目的地后，你已经是一名飞机专家了，或许还想动手设计一架自己的飞机呢！

最初的梦想

　　大家好！我是法比安，这是我的妹妹菲妮娅。我们正在收拾行李，明天就要去乘飞机了。我们不是像你想的那样去度假，是要去见妈妈。终于要见到她了！她非常忙，已经两周没回家了。她是一名飞机工程师，7年来一直在研发一款新型飞机。明天这架飞机要进行第一次试飞，我们就是去观看首飞的全过程的。当然，这架飞机不是妈妈一个人造出来的，她和许多来自不同国家的专家共同研发了这款飞机。在研发飞机前，工程师首先要确定的是，航空公司到底想要一款什么样的飞机：是大型的还是小型的，用来飞长途还是飞短途？它需要装配哪些设备？飞机还应该尽可能地节能、降噪，增强乘客的舒适感。为此，工程师必须进行缜密论证，以保证所有组成部件可以相互契合，就像它们在模型机上那样。如今，所有研发环节都是通过计算机完成的，工程师不用像过去那样在绘图板上辛苦绘制设计图了。

多种型号的飞机

太棒了！办理完行李托运，我们还有足够的时间到候机大厅外侧的露台上去看看。那里视野开阔，可以看到停机坪上停着很多架不同型号的飞机。你看到那架漂亮的小型飞机了吗？就是乘客正从舷梯上走下来的那架。还有乘客登机桥前方那架巨大的飞机。妈妈说过，飞机的机身是由不同部分一节一节组装起来的，组装时会用到很多零件。之后还要蒙上外皮，在这个过程中，也要用到数千颗铆钉。她还说组装飞机外壳的过程，就像搭积木。

机身后面那个巨大的像鲨鱼鳍的部件是尾翼。对于飞机的控制来说，尾翼上的方向舵是必不可少的。在方向舵下面位于水平方向上的是升降舵，正如名字所指，是用来拉高或降低飞行高度的。升降舵对飞机的控制和飞行稳定性来说也是不可或缺的。

1 停机坪　飞机装卸货物或不执行飞行任务时就停放在这里。

2 乘客登机桥　乘客可以从候机楼穿过此登机桥直接登机，不必去乘坐摆渡巴士。

3 机身　是飞机的主体部分，除装载乘客和货物外还会安装许多设备。机翼和尾翼也都安装在机身上。

4 尾翼　由水平尾翼和垂直尾翼组成。

1 油箱 空客A320的油箱可以储存多达30,000升的燃料。

2 机头起落架 使飞机得以平稳着陆。

3 主起落架 安装在机身下方或机翼上。空客A380（下图）的主起落架有20个轮子。

4 行李 通过传送带被运到货舱。

请加满油！

仅由轮子、支架和制动器组成的起落架能够承受整架飞机的重量，真是难以置信！一些飞机在加满燃油、满载乘客和行李的情况下，重量可达500吨以上，这相当于500多辆小汽车的总重量。起落架上有许多轮子，飞机的重量可以分散到每个轮子上，从而减轻单个轮子承受的重量。当飞行员在地面上驾驶飞机时，安装在前部的前起落架可以起到导向作用。飞机后部装有更大、更稳定的主起落架，其上的减震器可以吸收飞机着陆时产生的撞击力，减少颠簸。如果没有主起落架，飞机在降落时会出现硬着陆的情况。为了减小飞行阻力，飞机会在起飞后将起落架收起。

你看到连接卡车和机翼的那根加油管了吗？那辆卡车是一辆加油车，它为飞机加的是航空煤油。航空煤油是喷气式发动机的燃料。妈妈说飞机的油箱主要分布在机翼上，我感到很惊讶。其实，这样做很有益处。首先，可以充分利用机翼这个相对较小、无法运输货物的区域；其次，重量可以在整架飞机上实现优化分配。

参观驾驶舱

真的很幸运，当我们登机时，驾驶舱的门正好开着。因为过道里有点拥挤，我们在等待时可以观察飞行员在做哪些准备工作。右侧的飞行员正从任务清单中读取需要完成的任务，左侧的飞行员则按照清单来逐项执行。这样一来，就不会有任何遗漏。

菲妮娅看到驾驶舱内五颜六色的屏幕和许许多多的开关时十分惊讶。我告诉她，驾驶飞机需要的所有信息几乎都会显示在屏幕上。但这些信息并不是同时显示的，为避免混乱，飞行员会随时调取需要的信息来显示。妈妈说，一旦控制系统的计算机出现故障，备用仪表系统将提供飞行所需的各项数据。我们还看到在飞行员的上方有很多不同系统的开关，如空调系统和机舱收音机的开关。

你发现机舱里没有方向盘了吗？一些飞机会采用这种设计，它们的操控系统由侧杆和踏板组成。侧杆可以节约空间，踏板用来控制方向舵。

1 自动驾驶仪的控制系统 可以在这里输入速度、飞行高度及航向。

2 飞行管理计算机 输入飞行路线后，计算机会自动计算飞行时间和最佳飞行高度。

3 推杆 推动推杆可以加速。

飞机为什么能飞起来？

太棒了！我比菲妮娅快，所以坐在了正对着机翼、靠窗的座位上。路上我们可以换着坐。机翼居然可以使这么重的飞机飞起来，真是难以置信。妈妈说，飞机在起飞时不断加速，这样机翼就能产生足够大的升力，飞机也就飞起来了。纸飞机的原理与其相似。我们乘坐的这架飞机的飞行员叫约翰内斯，他通过舱内广播进行了自我介绍。

现在我们出发啦！约翰内斯正在测试机翼上的襟翼和舵，他必须在起飞前确保一切正常。襟翼安装在机翼的前缘和后缘，在起飞和降落时都会展开。襟翼伸展开时，升力随之增大。因此，它既可以提高飞机的起飞速度，也可以降低飞机的着陆速度。机翼上还装有扰流板，当飞机降落时，它会升起来，增大空气阻力，起到制动器的作用。副翼位于机翼的末端，飞行员借助副翼来实现飞机的转向。

❶ 飞机副翼 通过自身的上下偏转来改变飞机的飞行方向。当飞行员向飞机的某一侧压动操纵杆时，这一侧的副翼会向上偏，同时另一侧的副翼会向下偏。

❷ 扰流板 使飞机在飞行途中或降落后减速。

❸ 襟翼 位于机翼的前缘和后缘，通过改变偏移角度来改变翼剖面弧度，进而为飞机增加升力。

❹ 翼梢小翼 是机翼末端向上翘起的部分，它能减小飞行时的空气阻力，从而降低飞机的燃料消耗。

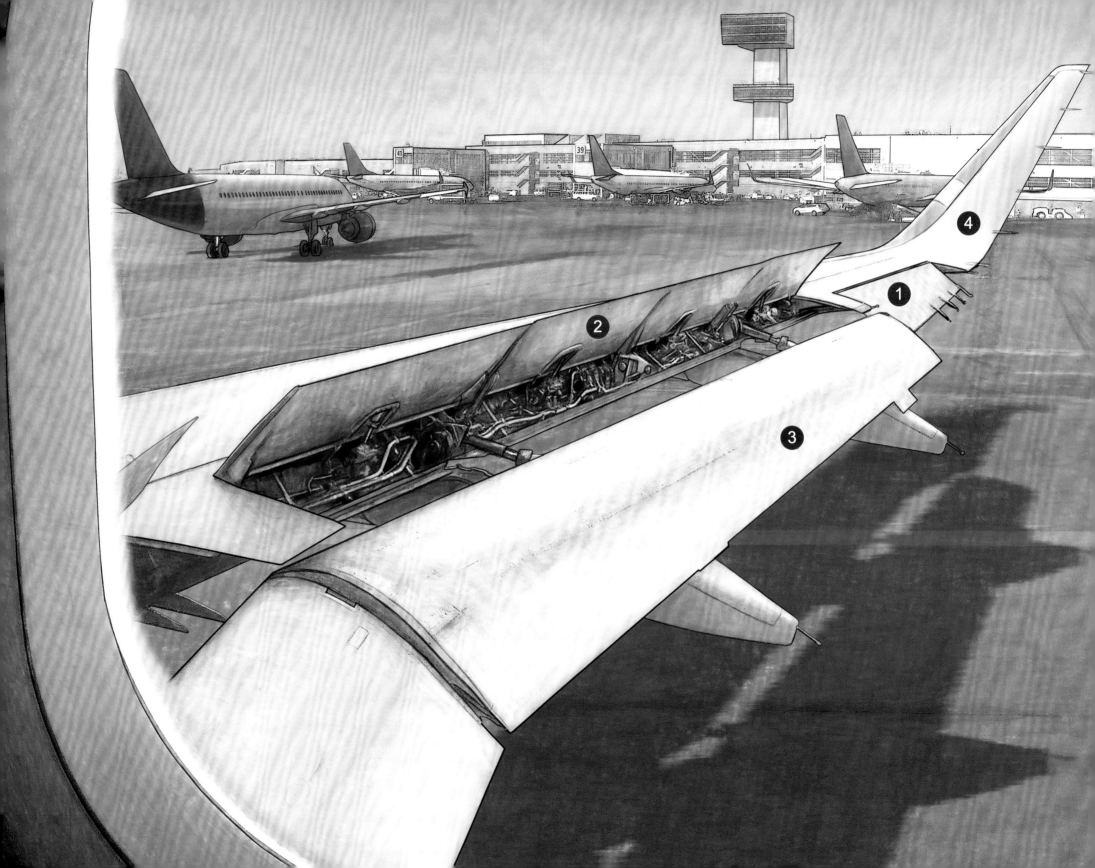

安全第一

　　糟糕！我们陷入了交通拥堵。我本来以为这种情况只有在开车时才会遇到。今天有很多架飞机要起飞和降落，我们要等很长时间了。但我们并不觉得无聊，在这段时间里，空乘人员进行了安全演示：怎样使用救生衣、氧气面罩以及应急滑梯等。以前我想象不到飞机上会有这些安全设备。妈妈说，安全性始终是制造飞机时最重要的考虑因素。这让有些害怕坐飞机的爸爸也安下心来。所有的空乘人员和飞行员都要定期接受培训，以确保在紧急情况下能够保障乘客的安全。

　　飞机上不仅有为乘客提供的安全设备，还有为保障自身安全配备的应急系统。飞机上所有的重要线路和计算机都有备用配置。即使个别部件发生故障，飞机也可以正常运行。看到我平板电脑上的图了吗？那是冲压空气涡轮。妈妈说大家通常叫它"老鼠"，因为它的英文缩写是"RAT"，那是"老鼠"的意思。当主发动机故障、辅助动力系统没能正常启动时，它就会从机身弹出，像风力涡轮机那样为驾驶舱和飞行控制系统提供电力。因此，乘客可以放心乘坐，即使遇到紧急情况，飞机也可以安全地飞行到最近的机场。

❶ **应急滑梯** 通常位于机舱门内或门下方。当紧急情况发生时，它会随着舱门的打开被释放并迅速充气。

❷ **紧急出口和紧急通道** 一直是亮灯的，即使在黑暗中，乘客也很容易找到那里。

❸ **氧气面罩** 放置在座椅上方的面板中，当机舱内氧气不足时会自动掉落下来。

❹ **救生衣** 会在乘客拉动充气装置上的拉绳后迅速充气膨胀。但是需要注意，乘客必须在离开飞机后才可以给救生衣充气。

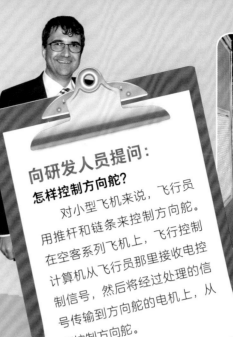

向研发人员提问：
怎样控制方向舵？

对小型飞机来说，飞行员用推杆和链条来控制方向舵。在空客系列飞机上，飞行控制计算机从飞行员那里接收电控制信号，然后将经过处理的信号传输到方向舵的电机上，从而控制方向舵。

正在机舱内安装厨房。

空乘人员通过屏幕监控机舱内的所有系统，如照明系统和温度控制系统。

飞机上的厕所非常窄小。

无数电缆被布置在飞机内壁上，从驾驶舱延伸到具体控制的各个系统所在的位置。

厨房、厕所和空调

图中的指示灯为我们提供了重要信息。例如从左数第二个指示灯变绿，表示"厕所里没有人"。

在空客A380上，铺设的电缆总长度约为500千米。例如头等舱的按摩座椅，就需要铺设电缆才能工作。

飞机刚一起飞，我和菲妮娅就都要去厕所。但是只有飞机到达一定的飞行高度时，我们才被允许解开安全带。厕所的对面就是厨房。它看起来很小，却拥有所有必需的厨房用具。在这里，可以烧开水，冰镇饮料，加热食物，等等。那么它所需的电从哪儿来呢？

很幸运的是，在等菲妮娅上厕所的这段时间里，我正好碰到了也来上厕所的副驾驶员，就趁机向她询问了有关电力的问题。她告诉我飞机的发动机就像一座小型发电厂，飞机上用到的电力全部来自发动机。此外，飞机里还有许多其他系统，相应的控制功能都集中在驾驶舱内。如热空气除冰系统，通过使发动机产生的热空气进入机翼前缘，起到防止机翼在飞行过程中结冰的作用。还有液压系统，它靠油压驱动来完成特定的工作，例如起落架的收放就是依靠液压系统完成的。当然还有空调系统，它可以使机舱内保持适宜的温度。

1 座椅 可以向后倾斜。

2 行李舱 用来存放行李，如装有玩具的背包、爸爸的外套、妈妈的手提包等。

3 机上娱乐设备 能够在飞行期间为乘客提供娱乐活动。

乘客区

有没有注意到机舱里很安静？虽然一直能听到发动机的嗡嗡声，但这已经比发动机实际发出的声音减弱了很多。为了让乘客在飞机上能正常交谈，也能享受宁静，飞机的机舱会选用隔音效果比较好的材料。妈妈告诉我机舱是飞机上非常重要的部分，因为那是乘客待的地方。所以机舱的设计必须尽可能地让乘客感到舒适，并且要减少他们在飞行中可能会产生的无聊感。

我前面座位的椅背上安装着屏幕，我不仅可以用它来看电影，还可以和菲妮娅一起玩游戏。还不止这些呢，我爸爸一直在看新闻，而坐在他前面的那个人正在一封接一封地写电子邮件。

相比之下，头等舱的乘客有着更优质的乘机体验：那里的电视几乎和我家里的一样大。妈妈把这些飞机上的娱乐设备称作"机载娱乐系统"。在妈妈设计的新飞机上，所有人都可以使用互联网，甚至可以用手机打电话。

发动机

　　飞机降落时风很大，好在约翰内斯的驾驶技术高超，我们基本没有感觉到它对着陆有什么影响。下飞机后，我们乘坐摆渡巴士前往航站楼。途中路过了飞机的发动机。靠近了看，发动机真是太大了！我们从外面只能看到风扇的扇叶。妈妈把风扇叫作"Fan"，那是它的英文名字，可不是指"粉丝"哦。发动机工作时，风扇先将空气吸入，接着空气在压缩机中被强烈压缩，温度升高。之后气流进入燃烧室，和航空煤油混合后被点燃。燃烧后的高热气流推动涡轮使其旋转，同时带动发动机最前端的风扇旋转，进而冷空气被以更高的速度吸入，从燃烧室外围流过，把飞机向前推。这部分动力在发动机产生的全部推力中占了较大比重。剩余的推力来自于发动机燃料的燃烧。

　　妈妈说发动机是飞机上最复杂的组成部分之一。她很高兴发动机制造商已经交付了发动机。她还说客机有时也会使用装有螺旋桨的发动机，这种发动机叫"涡轮螺旋桨发动机"。

1 **风扇** 把空气从前端吸入喷气发动机。

2 **喷口** 高温气体从喷口高速喷出。

3 **螺旋桨** 涡轮螺旋桨发动机中的螺旋桨提供了大部分推力。

4 **发动机悬架** 发动机安装在发动机悬架上。

1 **密封前盖** 货舱位于驾驶舱的上方，它的密封前盖向上打开。

2 **货舱** 大部分货舱里既没有空调系统，也没有增压舱。所以在飞机飞行期间，人们无法进到里面。

3 **升降平台** 货物通过升降平台被运到货舱里。

零件的运输

看看这架巨大的飞机！菲妮娅觉得它像一条大鲸鱼，我也有同感。妈妈给我讲过许多关于这架巨大运输机的事情，还给我发过一些照片。大型的飞机零件（如尾翼部件、机身零件以及机翼等）需要用飞机来运输。通常来说，组成飞机的很多零件大都在不同的地方制造，某个工厂专门生产某一种零件。最后，这些零件会被运到同一个地方来完成组装。

并非所有的飞机零件制造厂旁都设有机场，而且有些零件对运输机来说体积过于庞大，无法空运，这就需要用轮船或大型平板卡车来运输。使用卡车运输时必须有交警护送，且要求车速缓慢，时速不得超过25千米。有时甚至整条行驶路段都要因此而封闭。

飞机的组装

妈妈已经在终点站等我们了。因为有她陪着，我们可以抄近路直接穿过机库前面的空地。一架飞机是由各个部分组装而成的，而它最后的组装就在这巨大的机库中完成。经过机翼时，爸爸因它的巨大而感到震惊。

途中妈妈告诉我们，机库里有不同的工位，每个工位负责不同的组装工作。在第一个工位上完成的是机身部分的组装。在这个过程中，像厨房这样无法通过飞机门的大部件都会先被安装在机身内。接下来组装的是机翼，操作人员要非常小心，因为机翼的组装要求极其精确。在这个阶段，起落架也会被安装好。当尾翼安装完，飞机的基本形态就呈现出来了。最后安装发动机，这样飞机就全部组装完了。

而后，飞机还要进行一些测试。例如襟翼的展开和收回测试，方向舵的移动测试。还要给油箱加入一种特殊液体以测试油箱是否会漏油。

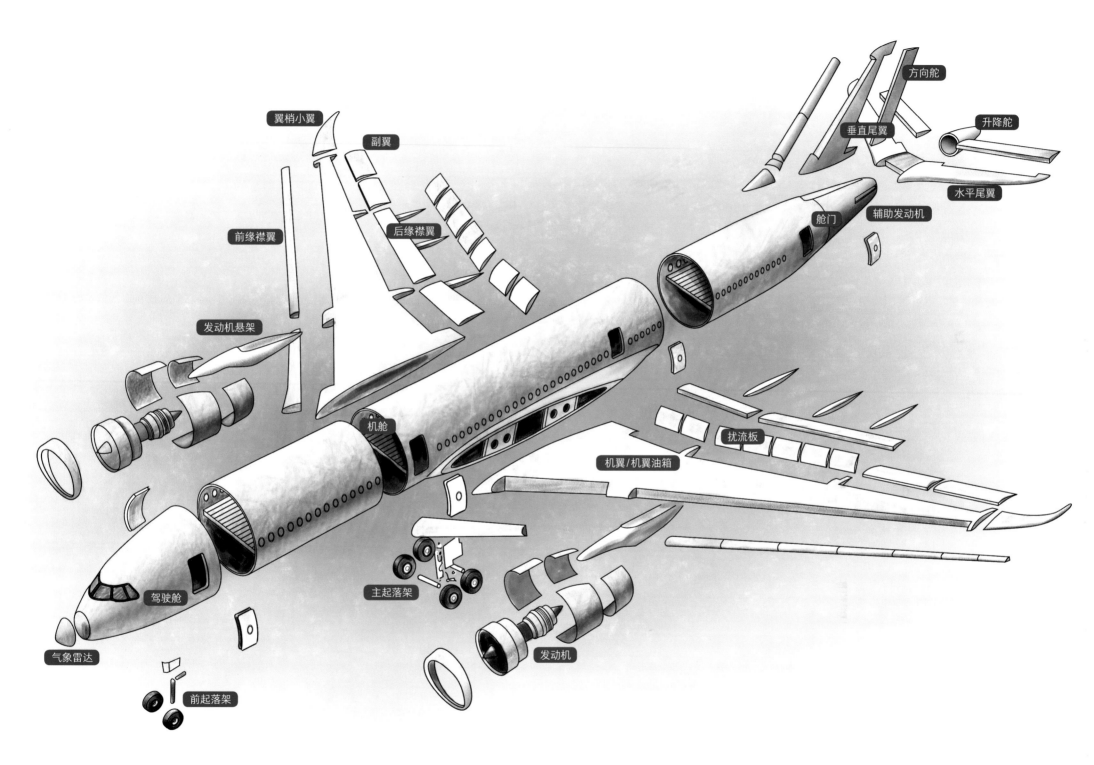

首次试飞

　　妈妈设计的飞机要进行第一次试飞了，这真是太让人兴奋啦！希望一切顺利。其实这次试飞不会有任何问题，因为这架飞机在试飞前已经通过了无数次严格的测试。例如机翼在测试时会被大幅度地弯曲，其变形的程度要远远超过它在实际飞行中会遭遇到的情形。如果在类似的严苛测试下各部件还能够正常工作，那么飞机在实际情况下一定不会有问题。让人不敢相信的是，飞机还会被放入一台"时光机"来进行测试。其实它并不是实际意义上的时光机，而是对飞机施加由计算机控制的载荷，来测试飞机在25年后还能不能正常工作。25年通常来说是飞机的最低使用年限。这项对飞机寿命的测试，也被叫作"疲劳测试"。

　　此外，飞机还要进行多次试飞。在试飞时，飞机上不安装乘客座椅，而是安装许多测量仪器。这些测量仪器会检测飞行过程中的油耗、机舱的功能和飞行速度等。试飞过程并不危险，所以不用担心。而且只有经过特殊培训的试飞飞行员才可以进行试飞。

喷涂油漆

看！在巨大的车间里，组装好的飞机正在喷漆呢。这可不像给墙刷漆那么容易。飞机的表面是有弧度的，但要让其上喷涂的文字看起来是直的，因此喷漆工程师必须先用计算机建立3D模型进行模拟喷涂。

你粉刷过自己的房间吗？如果粉刷过，你肯定了解光是遮盖不需要粉刷的部分就是一项大工程，它花费的时间甚至比粉刷本身还要多。一架大型飞机在喷漆前有很多地方都需要用保护胶带粘贴起来，所以，为这种大型飞机做喷漆前的准备也要用好几天。

在喷漆时，喷漆工程师站在可移动的升降平台上，他们穿着防护服，戴着防护面罩，从机身开始对飞机进行喷涂，最后才是机翼。妈妈说喷涂一架大型客机通常需要近3000升油漆。这些油漆干燥后的重量超过500千克。因为飞机经常暴露在极端气候环境中，例如极冷极热、沙尘暴等天气条件下，所以每6年就需要重新喷一次漆。

1 **垂直尾翼** 在安装到飞机上之前已经喷好了漆。

2 **牵引车** 将飞机从机库拖出。

3 **升降平台** 喷漆工程师借助升降平台给飞机的所有部位喷漆。

① **私人飞机** 有豪华的内饰，仅为少数乘客乘坐而设计。机舱内通常会配备床、会议室和餐厅。

② **货运飞机** 会最大化地利用空间来运输货物，并且为装载大型货物还会安装更大的舱门。

③ **特种飞机** 通常用来执行特殊的任务。有的飞机上还配有医疗设施齐全的医务室。

满足不同需求的飞机

　　妈妈还要参加关于这次试飞情况的汇报会，要晚点才能去旅馆。我们还有时间到周围转转。看！停机坪上停着几架飞机，它们看起来很像，原来是同一型号飞机的不同版本。

　　飞机通常会有不同的改装版本。例如因需要加装更多座位或者增大座位间距，为此需加装油箱或者加长机身。有时飞机甚至会被改装为空中加油机或军用运输机。但是，要想完成以上两种改装，飞机的内部需要进行一番彻底的改造。

　　悄悄告诉你哦，我在家时画了几张飞机的设计图，现在已经等不及想拿给妈妈看了。看这里：左边的飞机会飞得很快，右边的飞机机翼很大，能进行远距离飞行。没准这两种飞机会成为妈妈的下一个研发项目。如果不会的话，那我将来就自己建造这两种飞机。

感谢空客公司（Airbus）、汉莎航空公司以及劳斯莱斯公司
对本书的大力支持，特别是……

罗尔夫·汉纳克
白鲸运输机机长

彼得·科赫
试飞飞行员

克里斯托夫·黑特韦尔
空客A380喷漆车间的
负责人

凯·布吕格曼博士
空客公司生产经理

罗兰·费奥拉博士、教授
发动机研发人员、发动机
热力学专家

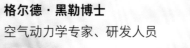

格尔德·黑勒博士
空气动力学专家、研发人员

因加·施罗德
空姐

除以下图片外，本书使用的图片版权属于空客公司：

P4　飞往浴场 © 汉莎航空图像档案馆
P10　协和式飞机驾驶舱 © 图片联盟
P14　氧气面罩使用演示，航空飞行记录器，空姐测试应急滑梯 © 汉莎航空图像档案馆，
　　　救生筏 © fotolia/markobe
P18　空乘人员和以前的客舱 © 汉莎航空图像档案馆
P20　所有照片 © 劳斯莱斯
P30　德意志联邦共和国政府专机 © 图片联盟/德新社，医疗飞机机舱 © 图片联盟/AA

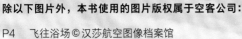

英戈·梅耶德里克斯
汉莎航空公司机长、空客A380机队
队长